La ciencia de la CATÁSTROFE

La Tierra en movimiento
Desastres naturales

Steve Parker y David West

Título de la edición en inglés: *Natural Disasters: Moving Earth*
© David West Children's Books 2012

Designed and directed by David West Children's Books
7 Princeton Court
55 Felsham Road
London SW 15 1AZ

La Tierra en movimiento
© Steve Parker y David West, 2013

D. R. © Editorial Lectorum, S. A. de C. V., 2013
Batalla de Casa Blanca Manzana 147 Lote 1621
Col. Leyes de Reforma, 3a. Sección
C. P. 09310, México, D. F.
Tel. 5581 3202
www.lectorum.com.mx
ventas@lectorum.com.mx

L. D. Books, Inc.
Miami, Florida
ldbooks@ldbooks.com

Primera edición: marzo de 2013
ISBN: 978-1500924829

D. R. © Diseño, portada e ilustraciones: David West
D. R. © Traducción: Silvia Espinoza de los Monteros González

Contenido

En el municipio de Las Colinas, una porción sólida de la parte superior de la ladera se desploma sobre cientos de casas. (Representación del artista)

Deslizamiento de tierra

Las Colinas, El Salvador, 2001

El 13 de enero de 2001, a las 11:33 de la mañana, un terremoto marino cerca de la costa sur de El Salvador provocó deslizamientos de tierra, caídas de lodo y desprendimiento de rocas en todo el país. La región más afectada fue Las Colinas, donde murieron más de 580 personas.

Las Colinas es un municipio de Santa Tecla, una ciudad extensa cercana a San Salvador, la capital de El Salvador. El terremoto se sintió con mucha fuerza en esa región, detonando así más de 400 deslizamientos de tierra. El más devastador fue el deslizamiento que sepultó parte del municipio Las Colinas. Al parecer, la curvatura de la cordillera El Bálsamo, al sur de la ciudad, aumentó o amplificó las vibraciones de la tierra. Las fisuras, conocidas como fracturas de tensión, ya habían aparecido a lo largo de la cordillera; sin embargo, nadie reparó en estas señales de advertencia. Las vibraciones desprendieron enormes masas de tierra, lodo así como pequeñas rocas que se encontraban en la pendiente. Como si hubieran sido removidas por una enorme pala, las masas se separaron para dejar una cicatriz en forma de cuenco con un diámetro de 100 metros (330 pies) y 30 metros (100 pies) de profundidad.

La masa de lodo, de más de 200 000 metros cúbicos (un cuarto de millón de yardas cúbicas), descendía y se extendía como melaza por la pendiente y sobre las casas y otros edificios a una distancia de 460 metros (1 500 pies). Le tomó al deslizamiento menos de un minuto enterrar a sus víctimas.

La ciencia de los deslizamientos de tierra

La tierra profunda permanece en el acantilado siempre que ésta no se moje demasiado y que las raíces de los árboles ayuden a mantenerla en posición. Pero las vibraciones de un terremoto sacuden el **lecho de piedra** localizado en el centro del acantilado, desprenden y mueven la tierra. Una vez que se inicia, éste puede surgir como una oleada de líquido espeso que, bajo su propio peso, atraviesa hasta el más pequeño acantilado.

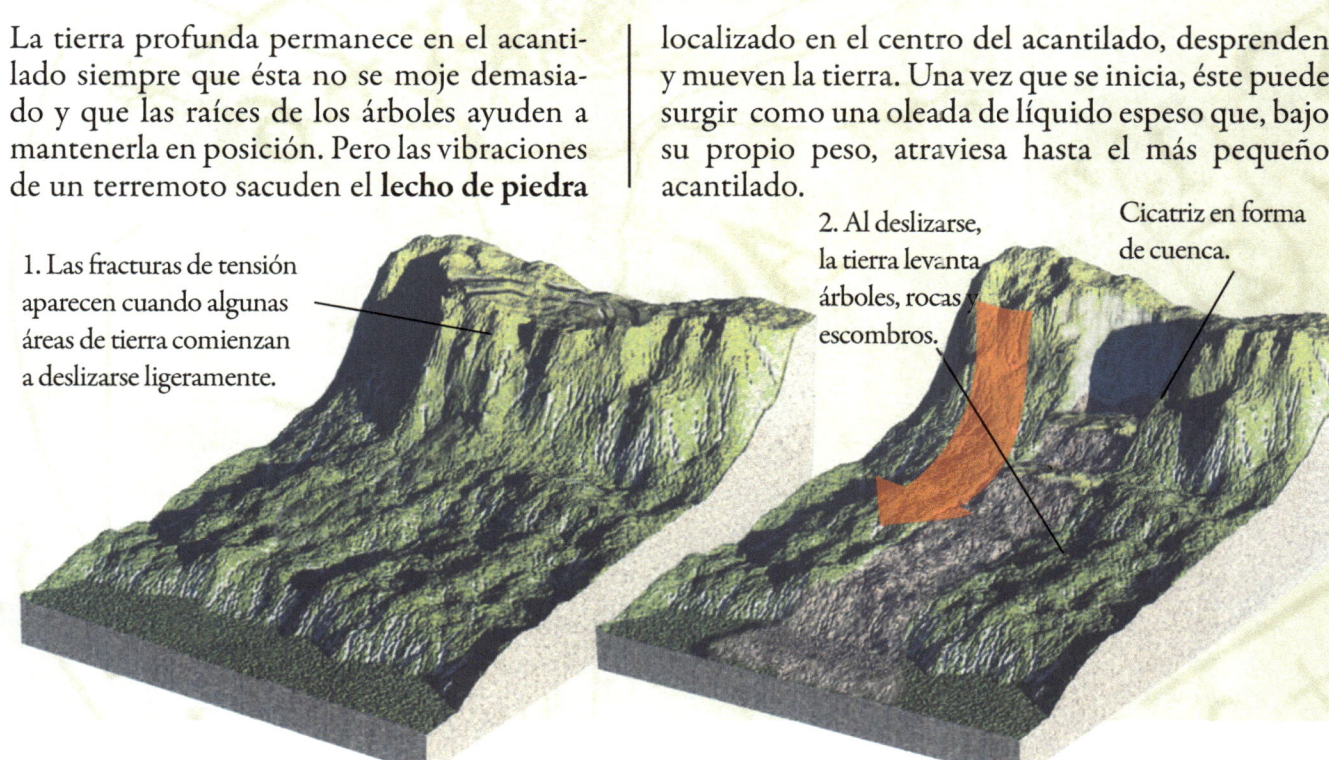

1. Las fracturas de tensión aparecen cuando algunas áreas de tierra comienzan a deslizarse ligeramente.

2. Al deslizarse, la tierra levanta árboles, rocas y escombros.

Cicatriz en forma de cuenca.

Derrumbe de acantilado

Tomas, el último huracán de 2010, se extendió hacia el Oeste, al sur de las islas del Caribe, dejando a su paso inundaciones, daños causados por los vientos, apagones eléctricos e, incluso, un accidente aéreo. Uno de los eventos más repentinos y catastróficos fue el enorme colapso de un acantilado en el lujoso centro turístico Soufrière, en la costa oeste de Santa Lucía.

Santa Lucía, una de las islas de Barlovento, es un reconocido paraíso vacacional. No obstante, los problemas llegan al paraíso muy a menudo en forma de huracanes provenientes del Atlántico. Tomas fue el doceavo huracán de 2010; arribó a finales de octubre. Si bien no fue el más intenso, sí pasó muy cerca de Santa Lucía.

Soufrière y el centro turístico colindante, Fond St. Jacques, sufrieron las inundaciones habituales, los tejados derribados y los barcos estrellados en la zona del puerto. Pero la tormenta desencadenó otro desastre: el derrumbe de un acantilado. Los feroces vientos formaron olas gigantescas que chocaban contra los altos acantilados cercanos a la playa. Débiles ya por años de una **erosión** gradual, las rocas estaban tan **socavadas** que no pudieron resistir más. Se desprendieron y cayeron como una pila de ladrillos, llevándose consigo docenas de viviendas de la comunidad asentada en la cima del acantilado. Más de 5 000 personas se quedaron sin hogar. A lo largo de Santa Lucía, más de 70 personas perecieron. El monto para reparar los daños provocados por Tomas fue de casi 700 millones de dólares.

La ciencia del derrumbe de un acantilado

Las inmensas olas que golpean la costa día tras días, año tras año, desgastan o **erosionan** hasta la roca más sólida. Las aguas que surgen por la base de un elevado acantilado y que con frecuencia arrastran consigo piedritas o tejas de un anterior derrumbe, poco a poco van deteriorando o desgstando el acantildo. Finalmente el peso del acantilado se vuelve excesivo y de pronto se resquebraja y se derrumba.

1. La erosión es mayor a nivel de la superficie del mar, donde las olas causadas por los fuertes vientos chocan contra la roca cada pocos segundos. Cada tormenta que se forma aumenta el proceso de desgaste.

2. El grado de desgaste depende del tipo de roca; por ejemplo, el granito es más sólido y más resistente que el yeso; sin embargo, con los años o los siglos, el desgaste aumenta.

Socavamiento en la base por la plataforma de olas.

El acantilado simplemente se derrumba cerca de Soufrière el 1 de noviembre de 2010. (Representación del artista)

3. La roca tiene tan poco apoyo en la base, que su peso la hace desprenderse y caer, provocando un derrumbe del acantilado. Los escombros, arrastrados por las olas, comienzan de nuevo el proceso de socavamiento.

Rocas y detritos socavados por las olas.

La devastadora avalancha de Mont Blanc du Tacul recoge nieve y alcanza gran velocidad. (Representación del artista)

Avalancha

Mont Blanc du Tacul, Francia, 2008

El año 2008 fue terrible en Los Alpes. Más de 100 personas perecieron en una serie de avalanchas, cascadas de hielo y desprendimientos de rocas en las altas vertientes. Una de las peores fue la avalancha del 24 de agosto, que cobró ocho vidas.

Una avalancha es una masa de nieve que cae y se desliza, generalmente mezclada con hielo y rocas. Así como puede derribar un acantilado, también puede levantar rocas, árboles y gente, como sucedió en Mont Blanc du Tacul. Éste es uno de los picos alpinos más altos: 4 248 metros (13 937 pies), ligeramente más bajo que el vecino Mont Blanc, la montaña más alta de Europa Occidental. En el día fatal, 47 alpinistas partieron muy temprano para alcanzar la cima. La avalancha se precipitó a las 3:00 de la mañana, probablemente iniciada por una enorme masa de hielo en descenso conocida como **serac** y que se desprende por el calor del verano. Al deslizarse, el serac desprendió un enorme bloque

La ciencia de las avalanchas

Hay varios tipos de avalanchas, pero todas requieren de una especie de detonador que las provoque. El calor podría derretir la nieve y el hielo o éstos se pueden acumular debido a muchas caídas y volverse tan pesados, que comienzan a resquebrajarse bajo su propio peso. Estos detonadores incluyen vibraciones de tierra, sol ardiente o, incluso, un sonido como el disparo de una pistola, el ruido de un avión volando a baja altura, una motonieve o las explosiones en minas o presas. Las vibraciones y el sonido producidos por una avalancha a menudo provocan otras más en el área.

Capa fresca de nieve.

Antiguas capas de nieve convertidas en hielo.

1. Nieve fresca y suave cae sobre anteriores capas de nieve que fueron derretidas por el sol matinal y después se congelaron durante la noche, formando capas de hielo resbaladizo.

Fisuras.

2. La nieve fresca requiere tan sólo de un ligero movmiento, calor o, incluso, de un sonido para que comience a deslizarse. Las fisuras pueden extenderse hasta las capas más profundas y congeladas.

Avalancha.

3. Una vez que la nieve y el hielo comienzan a moverse, la fricción con la capa estacionaria que se encuentra debajo derrite su base hasta convertirla en agua. Esto funciona como lubricante y facilita la avalancha.

de hielo y nieve, formando una masa rodante de más de 50 metros (160 pies) de diámetro. A la altura de los 3 600 metros (11 800 pies), ésta golpeó a los ocho alpinistas y los arrastró más de 1 000 metros (3 300 pies) por la ladera de la montaña.

Los rescatistas llegaron al área en el lapso de una hora; sin embargo, los cuerpos fueron localizados sólo unos pocos días después —con un radar de penetración de nieve— debajo del bloque de hielo, a 40 metros (130 pies) de la superficie.

Aluvión

Vargas, en la costa norte de Venezuela, mira al mar Caribe y es el principal centro de transportación. A mediados de diciembre de 1999, la lluvia de todo un año cayó aquí en sólo tres días, provocando enormes aluviones y arroyos de escombros a lo largo del estado.

Las torrenciales lluvias de diciembre cayeron inesperadamente sobre Venezuela, pues la temporada lluviosa en esa región se disipa durante octubre. Primero, las fuertes tormentas que cayeron el 2 y 3 de diciembre produjeron más de 20 centímetros (ocho pulgadas) de lluvia, convirtiendo el lodo en un revoltijo. Sólo dos semanas después, a partir del 14 de diciembre, cayó la lluvia de todo un año, más de 90 centímetros (36 pulgadas) en sólo 55 horas. Las cantidades que caían directamente sobre la región se unían a los enfurecidos ríos que fluían desde las altas montañas localizadas al sur y atravesaban el estado hasta llegar al mar. Los ríos estaban cargados de arena, tierra, lodo y escombros que eran arrastrados por las pendientes de la colina. Éstos reventaban sus canales construidos especialmente para encauzar sus corrientes lejos de las edificaciones.

El sistema de canales había sido construido porque Vargas ya había sufrido aluviones anteriormente. Muchas de las comunidades fueron asentadas sobre terreno frágil que fue dejado atrás por pasadas corrientes hace cientos de miles de años. Como las aguas de los ríos arrastraban su carga hasta el mar, se frenaban en el terreno más plano y esparcían sus sedimentos a manera de grandes

La ciencia de los aluviones

El lodo, el polvo y la tierra se transforman en fango al añadir mucha agua. Las lluvias torrenciales penetran o son absorbidas por la tierra de modo que ésta queda totalmente empapada o saturada. El agua funciona como un lubricante que permite que las partículas se deslicen entre sí. Poco a poco la masa deslizante comienza a cu-

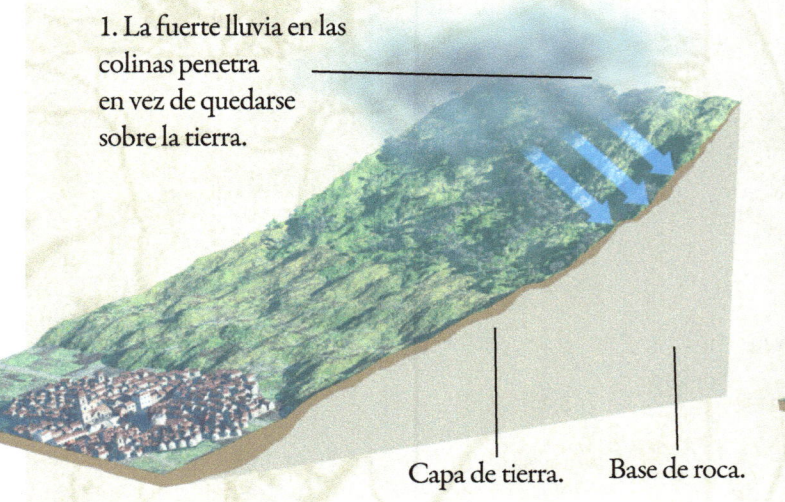

1. La fuerte lluvia en las colinas penetra en vez de quedarse sobre la tierra.

Capa de tierra.   Base de roca.

desembocaduras conocidas como **abanicos aluviales**. Las lluvias de diciembre habían penetrado a profundidad, convirtiendo el suelo en una sustancia espesa, chorreante y semilíquida que cubría incluso las laderas menos profundas. El lodo se deslizaba incluso a una velocidad de hasta 15 metros (50 pies) por segundo. El barrio Los Corales fue uno de los más afectados, pues lo cubría un fango de hasta 5 metros (16 pies) de profundidad. Igual que arrastraba piedras y otros escombros, arrastraba automóviles, árboles, viviendas y personas. En todo el estado de Vargas perecieron hasta 25 000 personas en el desastre y 80 000 más se quedaron sin hogar.

Un río de lodo inunda las calles de Los Corales, en Vargas, Venezuela. (Representación del artista)

brir toda la pendiente. Como el aluvión aumenta en velocidad y en volumen, arrastra consigo rocas, árboles y diversos objetos, convirtiéndose en una corriente de escombros. En terreno plano, la corriente disminuye y se detiene; sin embargo, los daños son inmensos. A diferencia de una inundación, que desaparece gradualmente, el fétido lodo se estanca donde fue descargado.

2. La tierra empapada se vuelve líquida y se desliza por la ladera, adquiriendo velocidad.

La corriente de lodo sigue la ruta más pronunciada.

Erupción volcánica

Monte Santa Elena, Estados Unidos, 1980

Durante la erupción volcánica más grande de Norteamérica que se haya registrado, en el estado de Washington, Estados Unidos, el Monte Santa Elena hizo erupción, o más bien explotó, por uno de sus lados. En parte terremoto, en parte explosión y en parte erupción, el evento masivo provocó daños en una extensión de más de 80 kilómetros (50 millas).

El Monte Santa Elena se encuentra al noroeste de Estados Unidos, a 160 kilómetros (100 millas) al sur de Seattle. Siempre había sido una atracción turística, famoso por sus columnas de vapor y fumarolas de cenizas. Durante marzo y abril de 1980, los científicos observaron un incremento en las vibraciones de la tierra y advirtieron a las autoridades cerrar el área al público. Entonces, el 18 de mayo de 1980, la montaña se resquebrajó. Una masa de roca fundida (derretida), **magma**, ascendió desde la base del volcán, ejerciendo presión principalmente por debajo de su lado norte. La tremenda fuerza proyectó las rocas desprendiendo el flanco norte y dejando caer una lluvia de piedras al deslizarse. Esto liberó la presión y el magma subió a chorros a la superficie, convirtiéndose en **lava**. Ésta brotó en una mezcla de rocas candentes, peñascos, lodo, ceniza y gases. Los glaciares (ríos congelados) en

La ciencia de las erupciones volcánicas

Una roca candente y derretida llamada magma se eleva debido a una inmensa presión desde lo profundo de la Tierra y a través de puntos débiles explotando en forma de erupción volcánica. Bombas volcánicas —rocas candentes y encendidas tan grandes como un camión— vuelan por los aires. Gases y cenizas asfixiantes son arrojados a una gran altura, interrumpiendo los viajes por aire. Las rocas candentes fluyen lentamente por la pendiente como un río de lava. Mucho más rápidos son los lahares, que son combinaciones ceniza, polvo, gases y piedras mezclados con agua, tal y como se describe en las siguientes páginas.

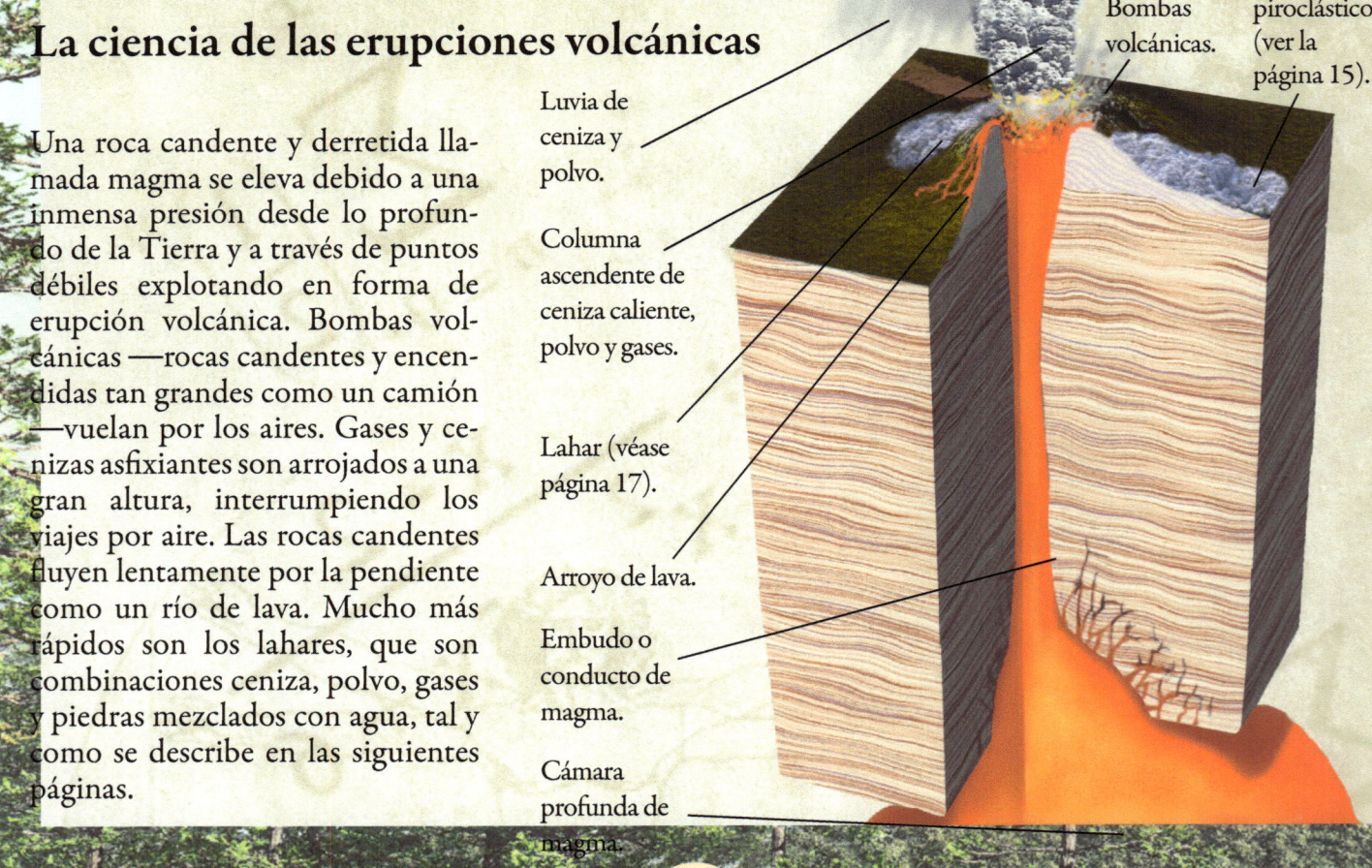

Flujo piroclástico (ver la página 15).

Bombas volcánicas.

Luvia de ceniza y polvo.

Columna ascendente de ceniza caliente, polvo y gases.

Lahar (véase página 17).

Arroyo de lava.

Embudo o conducto de magma.

Cámara profunda de magma.

la cima se derritieron por el calor y se mezclaron. La masa descendía por la pendiente a una gran velocidad en forma de fragmentos de roca (véase la siguiente página). Algunos de estos fragmentos se esparcieron a una distancia de hasta 65 kilómetros (40 millas), quemando y derribando árboles y edificaciones. Las nubes de ceniza se elevaban a 23 000 metros (75 000 pies) cayendo sobre 11 estados vecinos.

La destrucción fue enorme. La montaña terminó en su parte superior con 400 metros (1 313 pies) y en la parte baja con 2 550 metros (8 365 pies), y con un enorme cráter en su flanco norte. Puesto que a la gente se le había advertido que se mantuviera lejos, el número de víctimas fue sorprendentemente bajo: 57.

El Monte Santa Elena se prepara para lanzar la corona y hacer estallar la mayor parte de su cima. (Representación del artista)

La ciencia de las erupciones y los escurrimientos

No todos los volcanes hacen erupción ordenada y cuidadosamente a través de un pequeño cráter en la cima de una montaña en forma de domo o cono. Hay muchos tipos de erupciones dependiendo del contenido, la presión, la dirección del magma y la resistencia de las capas de roca. En junio de 1991, la erupción del volcán Pinatubo, en Filipinas, arrojó tal cantidad de ceniza, que ésta cubrió terrenos y ríos a una gran distancia, oscureciendo los cielos por el viento que la esparcía a una gran altura. Como leche hirviendo, el volcán Lamington, en Papua, Nueva Guinea, continuó emanando flujo piroclástico después de su mayor erupción en 1951. En 1902, en la isla caribeña Martinica, el Monte Pelée tuvo varias erupciones. Un flijopiroclástico masivo, cuando parte del domo se venció, provocó la muerte de 30 000 personas en Saint-Pierre.

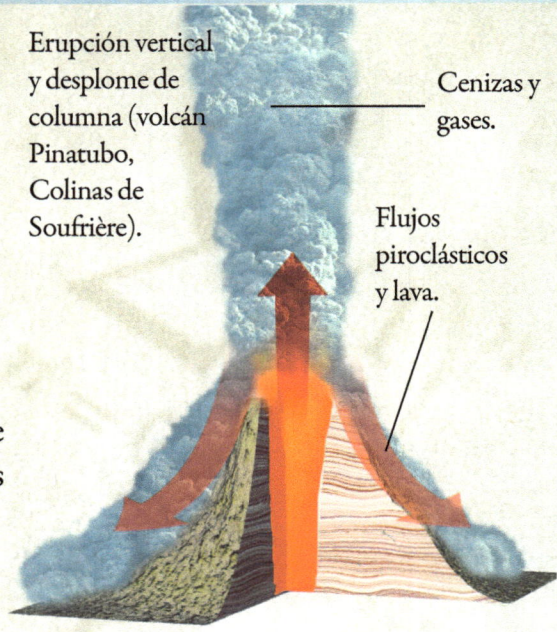

Erupción vertical y desplome de columna (volcán Pinatubo, Colinas de Soufrière).

Cenizas y gases.

Flujos piroclásticos y lava.

Estallido lateral desprende parte del volcán (Santa Elena; véase la página 12).

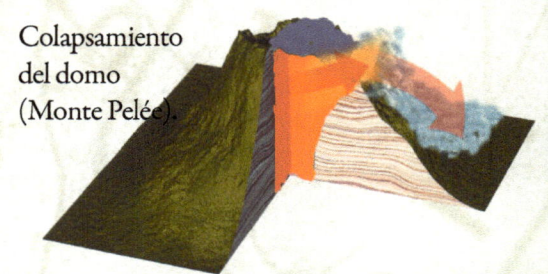

Derramamiento de baja presión (volcán Lamington).

Colapsamiento del domo (Monte Pelée).

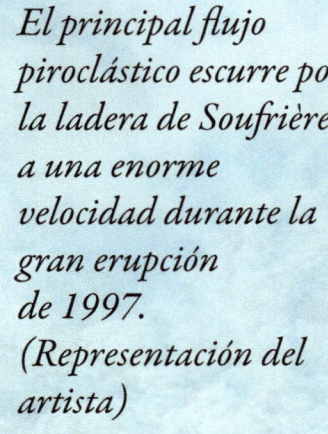

El principal flujo piroclástico escurre por la ladera de Soufrière a una enorme velocidad durante la gran erupción de 1997. (Representación del artista)

Flujo piroclástico

Los ríos candentes de lava y una lluvia de bloques de roca arrojados por un volcán son impresionantes. Pero la "acelerada nube de la muerte" y la *nuée ardente* (nube incandescente) se encuentran entre los nombres de las erupciones más temidas: el flujo piroclástico. Éste es a menudo el verdadero asesino en masa.

Piroclástico significa "piezas violentamente desintegradas". El flujo piroclástico es una mezcla de gases candentes, ceniza, pequeñas partículas de roca, vapor y otros materiales arrojados por el volcán como si fuese un gigantesco eructo o descarga. La corriente puede tener una temperatura de hasta 820 grados Celsius (1 500 grados Fahrenheit), tan candente que resplandece a la luz del día. Desciende rápidamente por la ladera como una veloz avalancha a más de 800 kilómetros por hora (500 millas por hora). Todo a su paso se desintegra por el calor hasta que pierde velocidad y calor, y se desvanece. Esto podría suceder a más de 160 kilómetros (100 millas) lejos del volcán que lo originó.

Uno de los peores flujos piroclásticos de los últimos tiempos sucedió en la isla caribeña de Montserrat. Las Colinas de Soufrière es un conjunto de volcanes que habían estado **inactivos** o en reposo por más de 100 años; sin embargo, en 1995 comenzaron a surgir pequeñas erupciones. Después, el 25 de junio de 1997, un "estallido" mayor lanzó varios flujos piroclásticos por toda la isla. Las nubes abrasadoras destruyeron el aeropuerto de la isla, matando a 19 personas y casi extinguieron la industria del turismo. Las erupciones han continuado de manera intermitente desde entonces, volviendo inhabitable más de la mitad de la isla.

La ciencia de los lahares

Los volcanes arrojan todo tipo de materiales, pero éstos son demasiado candentes para contener agua. No obstante, si se añade agua a la fórmula, quizá de lluvia, de nieve derretida o de glaciares provenientes de la parte alta de la montaña, el resultado es una marea de polvo, partículas, fragmentos de roca y escombros que avanza a gran velocidad y que se esparce como si fuese concreto o cemento preparado a una velocidad de hasta 100 kilómetros por hora (60 millas por hora).

El mortal lahar inunda una población cerca de Armero. (Representación del artista)

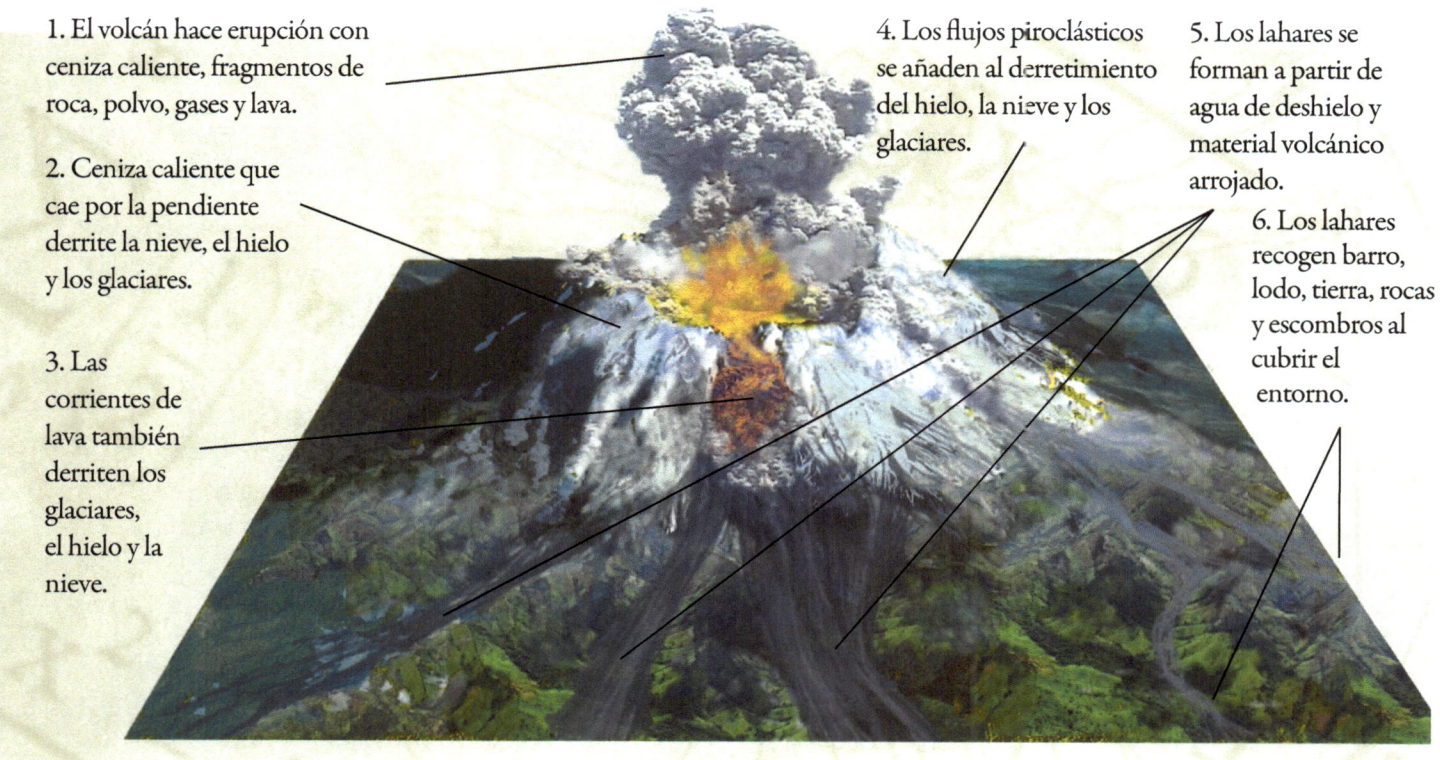

1. El volcán hace erupción con ceniza caliente, fragmentos de roca, polvo, gases y lava.

2. Ceniza caliente que cae por la pendiente derrite la nieve, el hielo y los glaciares.

3. Las corrientes de lava también derriten los glaciares, el hielo y la nieve.

4. Los flujos piroclásticos se añaden al derretimiento del hielo, la nieve y los glaciares.

5. Los lahares se forman a partir de agua de deshielo y material volcánico arrojado.

6. Los lahares recogen barro, lodo, tierra, rocas y escombros al cubrir el entorno.

Lahar

Armero, Colombia, 1985

Los lahares son un tipo específico de emanaciones volcánicas que se combina con una gran cantidad de agua, como si fuesen mareas de concreto líquido. La ciudad de Armero, en la parte centro oeste de Colombia, fue virtualmente destruida por un lahar, cobrando 20 000 vidas.

Colombia no es ajeno a los terremotos, las erupciones volcánicas, las severas inundaciones y otros desastres naturales. En septiembre de 1985, algunos científicos detectaron movimientos terrestres en el Nevado del Ruiz, un volcán que había permanecido inactivo por casi 70 años. Advirtieron entonces al Gobierno que debía alejar a la población de la zona. Sorpresivamente, el 13 de noviembre, aproximadamente a las 9:00 p. m., una erupción mayor sacudió la región. Los fragmentos de roca, polvo, ceniza y lava provenientes del volcán derritieron los glaciares de la parte alta de las laderas y se mezclaron hasta convertirse en cuatro inmensos lahares que resquebrajaron la montaña, junto con las hondonadas y los canales por donde el agua de los deshielos corría. Al moverse a 65 kilómetros por hora (40 millas por hora), los lahares arrastraban barro y lodo del suelo y continuaban avanzando. La ciudad vecina, Armero, fue inundada en cuestión de minutos y dos terceras partes de los habitantes perecieron. Sumaban 23 000 las muertes en otros poblados y ciudades. Sacudidos por la enorme tragedia, los colombianos acusaban, no al volcán, sino al Gobierno, por no ordenar la evacuación.

Erupción límnica

Pocas catástrofes naturales son tan silenciosas como la erupción o fenómeno explosivo de un lago. Es como agitar una gigantesca botella de bebida gaseosa y dejar que las burbujas liberen gases mortales, tal y como sucedió en África en 1986.

Se requieren condiciones muy especiales para que se produzca la erupción límnica, que también se conoce como *lago explosivo*. Hasta ahora se conocen tres eventos ocurridos en tres lagos que se encuentran en África Occidental: Nyos y Monoun, ambos ubicados en Camerún, y el Kivu, en la República Democrática del Congo. ¿Qué fue lo que sucedió realmente en el Lago Nyos el 24 de agosto de 1986? No se sabe exactamente, pues no hubo testigos. La evidencia científica muestra que durante siglos se estuvo acumulando dióxido de carbono, CO_2, en este lago que se localiza en un cráter en forma de cuenco en la parte alta de un volcán inactivo. En este caso, el CO_2 más bien se disolvió en el agua, en lugar de presentarse como burbujas de gas, concentrándose en la capa fría y presurizada en el fondo del lago. Mucho del CO_2 provenía del magma que se encontraba al interior del volcán. Algún tipo de detonador, quizás algún desplazamiento de tierra al interior del lago, alteró esta conformación.

Las aguas saturadas de CO_2 se arremolinaron hacia la superficie. Conforme la presión reducía, el gas salía de la solución, igual que al abrir una botella de refresco (siendo las "burbujas" en esa solución del mismo gas, CO_2). El CO_2 produjo espuma en forma de una fuente burbujeante de hasta 90 metros (300 pies) de altura. Una vez liberado, el

CO_2 —que es más pesado o condensado que el aire— fluyó de manera separada y descendiendo por la ladera de la montaña. Era una nube silenciosa, invisible y mortal, ya que el CO_2 es letal para el cuerpo y provoca falta de oxígeno, problemas respiratorios y sofocación. La nube recorrió campos, pueblos y granjas a una velocidad de hasta 50 kilómetros por hora (30 millas por hora) y permaneció concentrada el tiempo suficiente para cobrar víctimas en un área de hasta 25 kilómetros (15 millas). Más de 1700 personas y otros seres vivos, como ganado y aves, perecieron en los pueblos de Nyos, Cha, Kam y Subum.

Gran cantidad de ganado se sofocó silenciosamente mientras se dispersaban los gases provenientes del Lago Nyos. (Representación del artista)

La ciencia de la erupción límnica

Una erupción límnica, conocida también como *liberación de gas*, sucede cuando un evento inesperado altera el apacible estado de un lago en particular. Para que esto suceda, el lago debe estar situado cerca de magma, por lo general a varios kilómetros (millas) por debajo de éste. El magma libera CO_2, el cual asciende y se concentra cerca del lecho lacustre o fondo del lago, en donde el agua se encuentra a baja temperatura y bajo una gran presión. El Lago Nyos es idóneo para la formación de este fenómeno, ya que se encuentra a una profundidad de 207 metros (680 pies).

Lago profundo en la cuenca del volcán.

1. El agua penetra el tapón volcánico.

3. El CO_2 disuelto se acumula en el agua fría que se localiza en la parte más baja del lago.

2. El CO_2 proveniente del magma es desplazado por el agua y asciende.

Magma.

5. El CO_2 escapa de la superficie del lago y se esparce.

4. La vibración de la tierra o un deslizamiento de tierra al interior del lago altera el CO_2, el cual burbujea hacia la superficie.

6. El pesado CO_2 corre pegado a la tierra mientras fluye hacia abajo.

Los mortales escombros llueven por las calles de Haití. (Representación del artista)

La ciencia de los terremotos por delizamiento de falla

Corteza.

A las placas tectónicas de la corteza las mueven las corrientes del manto, que corren por debajo.

Corrientes de convección en el manto.

Manto.

Núcleo externo.

Núcleo interno.

Alrededor del centro o núcleo de la Tierra se encuentra el manto, una capa de roca candente, semilíquida, que se desplaza lentamente. Las gigantescas corrientes giratorias que aquí se producen alteran la delgada capa exterior de roca sólida, la corteza. Ésta se agrieta como un cascarón de huevo que se rompe, formando una gran cantidad de enormes piezas curvas y filosas conocidas como *placas tectónicas*. Cuando el manto se mueve, las corrientes empujan las placas, las cuales llegan a unirse para después desplazarse.

Terremoto por deslizamiento de falla

Haití, islas del Caribe, 2010

Secuencia del terremoto

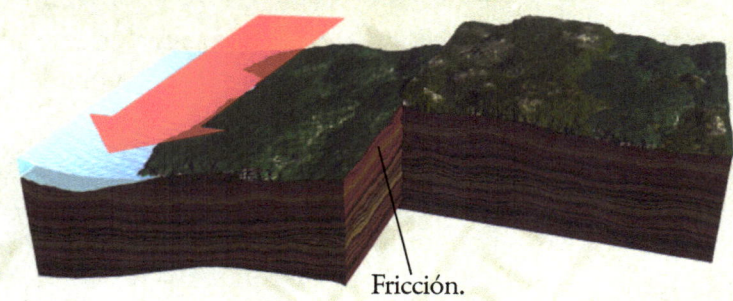

Fricción.

1. Las placas tectónicas intentan rebasar entre sí a través de sus bordes o fallas, pero con frecuencia se traban, debido a la fricción. Con el tiempo, la enorme presión aumenta.

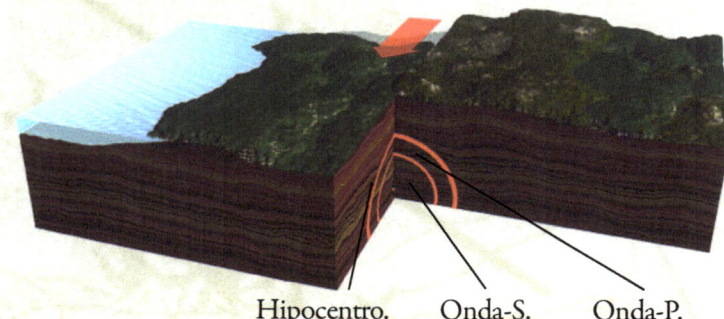

Hipocentro.　Onda-S.　Onda-P.

2. La presión aumenta de tal manera que las placas se deslizan de manera repentina, liberando la energía almacenada en forma de un terremoto. La parte donde más energía se libera es el hipcentro. Hacia los lados, las ondas-P se esparcen primero, después hacia arriba y hacia abajo las ondas-S, en forma de ondulación.

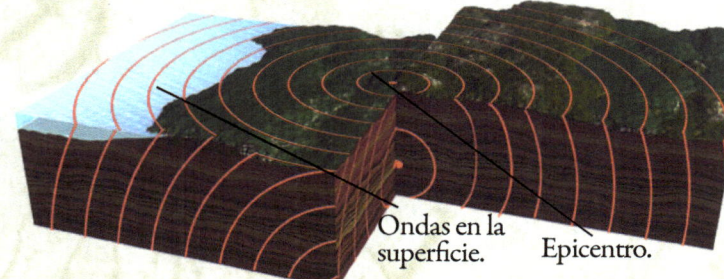

Ondas en la superficie.　Epicentro.

3. El tercer grupo de ondas son las ondas de la superficie, las cuales se esparcen desde el epicentro —el punto que se localiza directamente sobre el hipocentro— hasta las rocas superficiales de la Tierra. Estas ondas pueden llegar a ser tan fuertes, que recorren toda la Tierra.

A las 4:53 p. m., hora local, del 12 de enero de 2010, Haití, isla del Caribe, sufrió un tremendo terremoto. En el caos y desorden total, perecieron hasta 100 000 personas. Al terminar la catástrofe, dos millones se encontraban sin hogar.

El terremoto en Haití tuvo una medición de 7.0 en la Escala de Magnitud de Momento y fue el resultado de un deslizamiento entre dos de las grandes secciones curvas de la corteza externa de la Tierra, conocidas como **placas tectónicas** —las placas del Caribe y Norteamérica—. Este terremoto fue particularmente destructivo porque el punto central del deslizamiento, llamado **hipocentro**, era poco profundo para un terremoto, tenía sólo 13 kilómetros (ocho millas) de profundidad. La tierra osciló varios metros, pero no había suficiente profundidad o hendidura en la superficie, tal como sucede en muchos terremotos.

Las enormes vibraciones se sintieron de manera más directa en el **epicentro**, a unos 25 kilómetros (15 millas) al oeste de la capital de la isla, Puerto Príncipe. Su energía fue de tal magnitud, que devastaron gran parte de la isla. Haití es una nación muy pobre que no puede hacer frente a fuertes gastos en **infraestructura**, como la construcción de edificios, caminos, redes eléctricas y tuberías hidráulicas resistentes a los terremotos. Las extensas áreas de edificios, desde modernas oficinas hasta barracas, fueron reducidas a escombros. Los caminos fueron bloqueados y los sistemas de alcantarillado se abrieron, trayendo consigo el riesgo de enfermedades como el cólera. Las naciones solventes acudieron en su auxilio; sin embargo, transcurrirán 10 años o más para que la isla pueda recuperarse.

Terremoto por subducción–tsunami

Tohoku, Japón, 2011

Una zona de subducción se localiza en el punto donde una de las enormes piezas superficiales de la Tierra, conocidas como *placas tectónicas*, se deslizan una sobre otra. El 11 de marzo de 2011, la región de Tohoku, en Japón, vivió un "megadeslizamiento" debido un terremoto por subducción y a una gigantesca ola **tsunami** (que se describe en la página 24).

La región de Tohoku se localiza al noreste de la principal isla de Japón, Honshu. El terremoto se centró a 70 kilómetros (44 millas) al este de su costa y a 32 kilómetros (20 millas) de profundidad —muy poco profundo para un terremoto—. Se registró en 9.0 en la Escala de Magnitud de Momento, colocándolo entre los cinco principales terremotos registrados. Su fuerza fue tan grande que provocó que el norte de Honshu midiera más de dos metros (siete pies) de amplitud, acercando algunas de sus regiones hasta cinco metros (16 pies) más cerca de Norteamérica y redujo varias regiones de la costa este por más de 1.5 metros (cinco pies). Muchos de los edificios más modernos en Japón están diseñados para resistir las vibraciones de la tierra y la mayoría de éstos soportaron las vibraciones. Sin embargo, las estructuras más pequeñas y antiguas, especialmente en los suburbios y aldeas, se colapsaron. En conjunto, el terremoto y el tsunami que le siguió (véase la página 24) causaron daño total en extensas regiones. El número de víctimas se estimó en 23 000, ya que muchos cuerpos fueron arrojados al mar o enterrados a profundidad en el lodo y los escombros, como para poder ser recuperados.

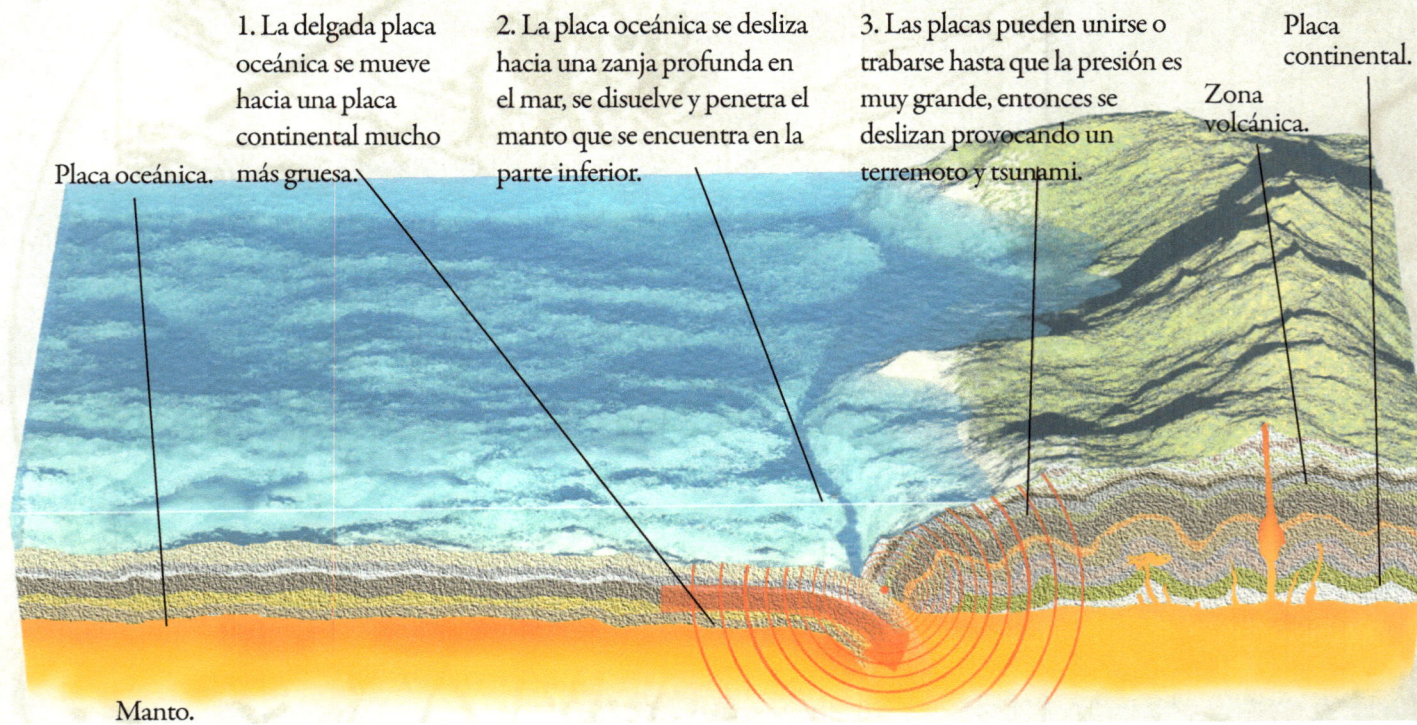

1. La delgada placa oceánica se mueve hacia una placa continental mucho más gruesa.

2. La placa oceánica se desliza hacia una zanja profunda en el mar, se disuelve y penetra el manto que se encuentra en la parte inferior.

3. Las placas pueden unirse o trabarse hasta que la presión es muy grande, entonces se deslizan provocando un terremoto y tsunami.

Placa continental.

Zona volcánica.

Placa oceánica.

Manto.

Los edificios más antiguos en Sendai, la ciudad más grande cercana a la catástrofe en Tohoku, no pudieron resistir la violenta sacudida. (Representación del artista)

La ciencia de los terremotos por subducción

Hay dos tipos principales de placas tectónicas: oceánicas y continentales. Las **placas oceánicas** tienen un grosor menor a 10 kilómetros (siete millas), mientras que las **placas continentales**, las cuales cargan las masas terrestres más grandes, pueden ser seis veces más gruesas. Cuando las profundas corrientes del manto deslizan una placa oceánica hacia una placa continental, la placa oceánica es empujada o subducida por debajo de su placa contigua, que es más gruesa y pesada. A menudo, las placas se traban o atascan durante años, debido a la fricción, hasta que la presión aumenta y provoca que se sacudan, tal y como se describe en la formación de los terremotos por el deslizamiento de una falla, en la página 21.

Tsunami

El terremoto por subducción del 11 de marzo, descrito en las páginas 22 y 23, desató una ola mortal de destrucción, verdaderas olas oceánicas llamadas *tsunamis*. Éstas inundaron una gran extensión de la costa noreste de Japón.

La causa del terremoto submarino cerca de la región de Tohoku en Honshu, la principal isla de Japón, se describe en la página 22. Al moverse el fondo del mar en regiones de hasta 30 metros (100 pies), las gigantescas fuerzas tuvieron otro efecto: formaron enormes ondas y olas llamadas *tsunamis*. Hacia el norte, este y sur, éstas desaparecieron en el enorme Pacífico. Pero al avanzar hacia el este, pronto se encontraron con las aguas litorales poco profundas de Honshu, se enfurecieron y avanzaron tierra adentro. En la región más cercana al terremoto, los tsunamis entraron a tierra en un lapso de 15 minutos. Dependiendo de la forma de la costa, en algunos lugares los tsunamis fueron canalizados y dirigidos a alturas mayores de 30 metros (100 pies).

El tsunami aparece en tierra a lo largo de la costa este de Honshu, Japón. (Representación del artista)

En el lapso de una hora, el aeropuerto de la Ciudad de Sendai había sido arrasado. En algunos sitios, las olas avanzaron más de 10 kilómetros (6 millas) tierra adentro. Inundaron granjas, destruyeron pueblos y ciudades, destrozaron caminos y puentes y volcaron un ferrocarril de pasajeros como si fuese un juguete. Las redes eléctricas, las vías de comunicación y el abastecimiento de gas y agua fueron destrozados. En Fukushima, el terremoto y el tsunami se unieron para dañar la planta nuclear. Cuando la mortal radiación comenzó a escapar de la planta, se tuvo que evacuar a la población en una extensión de 20 kilómetros (12 millas) a la redonda. La doble catástrofe cobró la vida de 23 000 personas y dejó a 300 000 más sin hogar.

La ciencia de los tsunamis

Sumerge tu mano violentamente hasta el fondo de una tina de baño. Ondas y olas salpican de inmediato alrededor de los bordes. Un tsunami comienza de una forma similar cuando un fuerte movimiento de la tierra empuja el agua a su alrededor. La fuerza bajo el agua puede tratarse de un terremoto, un enorme deslizamiento de tierra o de rocas en el fondo del mar o quizá que el lecho marino se colapsa formando una extensa abertura entre dos placas tectónicas. La presión agita el agua en forma de ondas masivas que se expanden hacia arriba y hacia el exterior del océano. Su velocidad es sorprendente, de hasta 800 kilómetros por hora (500 millas por hora). Al igual que las olas comunes, los tsunamis disminuyen su velocidad y crecen en altitud conforme alcanzan aguas menos profundas.

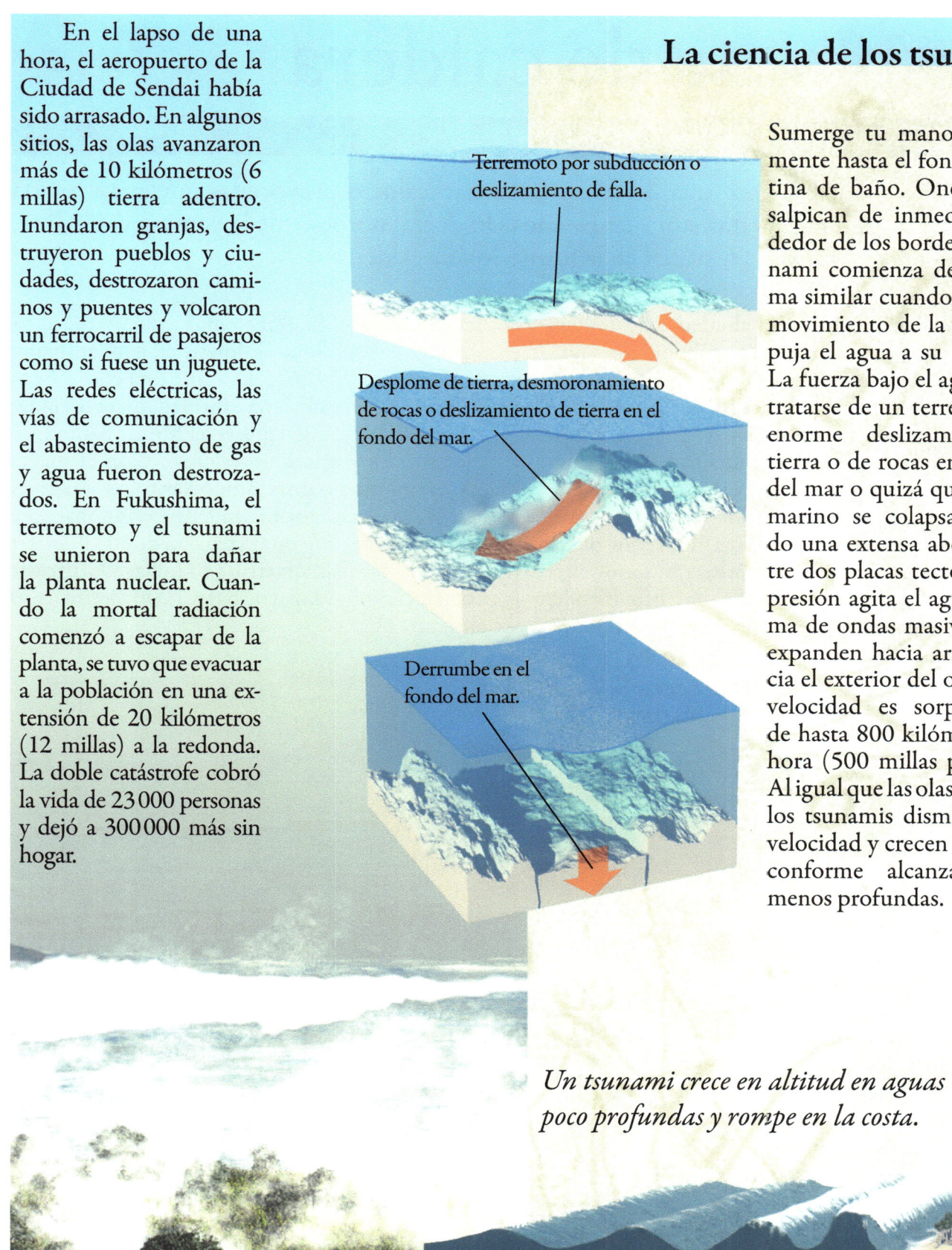

Terremoto por subducción o deslizamiento de falla.

Desplome de tierra, desmoronamiento de rocas o deslizamiento de tierra en el fondo del mar.

Derrumbe en el fondo del mar.

Un tsunami crece en altitud en aguas poco profundas y rompe en la costa.

Desplome de caldera

Las calderas son fallas en forma de cuenco, cráter o caldero provocadas por una actividad volcánica. La región de Yellowstone en Estados Unidos, al noroeste de Wyoming y sus alrededores, cuenta con un largo historial en la formación de calderas.

Las calderas que se localizan alrededor de Yellowstone datan de más de cinco millones de años. Al parecer la placa tectónica de Norteamérica se desliza lentamente por arriba de una zona de magma particularmente activo y flotante conocida como *punto geológico candente*. Los enormes volcanes e, incluso, los "supervolcanes" se forman en esta región. Entonces, cuando la placa rebasa el punto candente, se colapsa hacia el interior de las calderas, creando nuevos volcanes a su paso sobre el punto candente de menor movimiento. Esto ha sucedido muchas veces sobre el punto candente de Yellowstone. El evento más reciente fue la formación de la Caldera Yellowstone hace aproximadamente 640 000 años. Durante esta enorme convulsión, fue arrojada una cantidad mil veces mayor de material volcánico que en el Monte Santa Elena (descrito en páginas anteriores). Con el magma casi extinguido o disminuido, las rocas superficiales cayeron hasta formar una depresión masiva en forma de cráter con una extensión de 80 kilómetros (50 millas) y 48 kilómetros (30 millas) de diámetro y con una profundidad de hasta 1 000 metros (3 300 pies).

El gigantesco desplome de la Caldera Yellowstone sucedió justo antes de la última Era Glacial. (Representación del artista)

26

Diferentes criaturas deambulaban por doquier, como el enorme mastodonte con colmillos americano, primo del mamut y el elefante, o como el bisonte de cuernos largos, que son ascendientes del actual búfalo. Una erupción todavía mayor, del doble de tamaño de la Caldera Yellowstone, formó la cercana Caldera Island Park hace 2.1 millones de años.

La ciencia de las calderas

Algunos volcanes arrojan la mayor parte de sus rocas fundidas, o magma, de tal forma que la cámara que se encuentra por debajo se vacía o el magma puede enfriarse y encogerse, como resultado de los movimientos de la placa tectónica y las corrientes de magma. Al no tener ya una base que las soporten, las rocas de la corteza caen en el "agujero". Esto puede suceder en un evento explosivo o por etapas a lo largo de cientos de miles de años. El resultado de esto es la formación del gran caldero en forma de cráter: la caldera.

Las rocas se fracturan y debilitan.

Cámara de magma.

1. El magma hace presión hacia la corteza, provocando fracturas en un "techo" de roca.

Orificio formado por la falta de magma.

2. El magma se enfría y se encoge, o es arrojado al exterior, dejando el techo sin soporte.

El techo de piedra se desploma.

3. La roca subyacente cae al interior, a menudo en porciones con forma de anillo.

Colisión de asteroide

Durante los 4600 millones de años de existencia de la Tierra, el planeta ha sido golpeado por un sinnúmero de objetos que vuelan a través del espacio. De tiempo en tiempo sucede "Uno Grande" —un golpe producido por un asteroide, un cometa o un enorme meteorito.

Uno de estos mayores impactos sucedió probablemente hace aproximadamente 65.5 millones de años. Los científicos estiman que se trató de un objeto con un diámetro de aproximadamente 10 kilómetros (6 millas), probablemente un pequeño asteroide o una parte de un asteroide más grande. Éste se estrelló contra el planeta a 20 kilómetros por segundo (12 millas por segundo) provocando una serie de enormes terremotos, megatsunamis más altos que los actuales rascacielos, explosiones volcánicas y erupciones que hicieron ver a los actuales como algo insignificante. El sitio probable de este impacto es el Cráter Chicxulub, una gran depresión por debajo de la costa norte de la Península de Yucatán en México, y bajo la superficie del mar en el cercano Golfo de México. El cráter, oscurecido ahora parcialmente por el lodo en el lecho marino y la nueva tierra, tiene un diámetro mayor a 175 kilómetros (110 millas). En las catástrofes subsecuentes, grupos de animales perecieron en lo que se conoce como el Fin de la **extinción masiva**

1. Sitio del impacto.

2. Impacto u ondas sísmicas.

3. Terremotos, tsunamis y erupciones volcánicas.

4. El clima cambia con el enfriamiento global.

5. Cambio en el eje de rotación.

Manto.

Núcleo.

Corteza.

La ciencia de los colisionadores provenientes del espacio exterior

Cuando una roca espacial golpea la Tierra, ésta desencadena una serie de catástrofes. El presente impacto produce ondas sísmicas que hacen que la Tierra vibre como una campana. Esto altera las capas tectónicas, las cuales se desplazan, generan terremotos y tsunamis y provocan erupciones volcánicas. La ceniza y el polvo que son arrojados a una gran altura, obstruyen la luz solar, lo cual lleva a un enfriamiento que dura años o, incluso, siglos. La sacudida puede incluso hacer que el planeta cambie de ángulo al girar diariamente sobre su eje y llevando a nuevos patrones climáticos en todo el mundo.

en la Era Cretácea. Éstos incluían a los dinosaurios (excepto por sus descendientes, los pájaros), los pterosaurios voladores, los plesiosaurios acuáticos y los mosasaurios, así como amonites con caparazón y muchos tipos de plantas. La evidencia proveniente de fósiles y rocas que se formaron en esta época, apoya la teoría del impacto. ¿Cómo fue que muchas criaturas sobrevivieron, incluyendo las tortugas, los lagartos, los pájaros y nuestra propia especie, los mamíferos? Sigue siendo un misterio.

Un preocupado Tiranosaurio Rex observa la roca en forma de bola de fuego que señalará el fin de la Era de los Dinosaurios y el Periodo Cretáceo. (Representación del artista)

Mapamundi de desastres

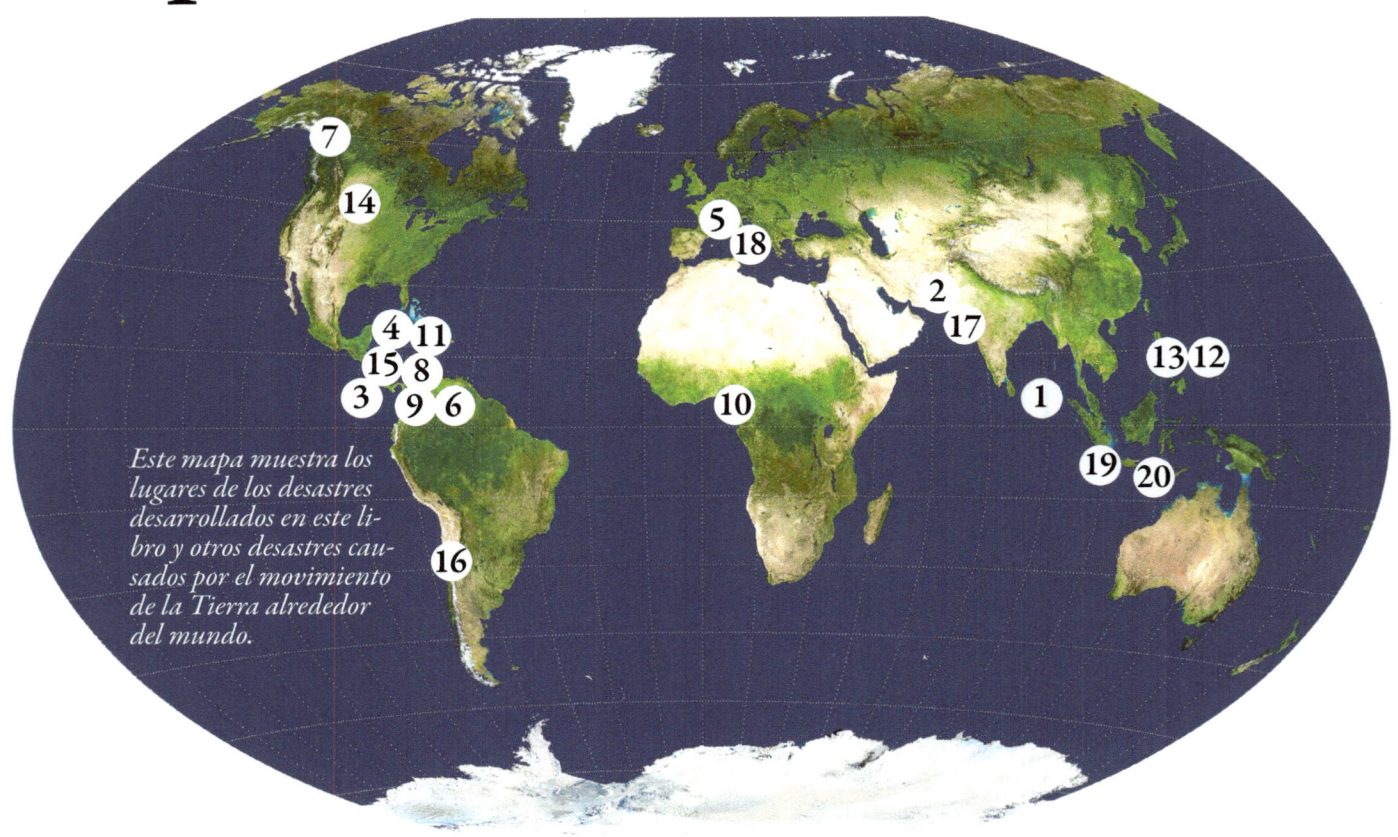

Este mapa muestra los lugares de los desastres desarrollados en este libro y otros desastres causados por el movimiento de la Tierra alrededor del mundo.

1. Tsunami en el Océano Índico, 2004

2. Avalancha en la región de Kohistan, Pakistán, 2010

3. Deslizamiento de tierra en Las Colinas, El Salvador, 2001

4. Derrumbe de acantilado, Soufrière, Santa Lucía, 2010

5. Avalancha en Mont Blanc du Tacul, Francia, 2008

6. Aluvión en Vargas, Venezuela, 1999

7. Erupción del Monte Santa Elena, Estados Unidos, 1980

8. Flujo piroclástico en los volcanes de las Colinas de Soufrière, isla de Montserrat, 1997

9. Lahar en Armero, Colombia, 1985

10. Erupción límnica del Lago Nyos, Camerún, 1986

11. Terremoto por deslizamiento de falla, Haití, 2010

12. Megadelizamiento provocado por terremoto por subducción, Tohoku, Japón, 2011

13. Tsunami, Tohoku, Japón, 2011

14. Desplome de caldera en Yellowstone, Estados Unidos, hace 640 000 años

15. Colisión de asteroide, extinción masiva, hace 65.5 millones de años

16. Terremoto en Chile, 2010

17. Terremoto en Gujarat, India, 2001

18. Erupción del Monte Vesuvio, Italia, 79 d. C.

19. Erupción del volcán Krakatoa, Indonesia, 1883

20. Erupción del volcán Tambora, Indonesia, 1815

Glosario

abanico aluvial. Área en forma de abanico o de delta compuesta por lodo, arena y otras partículas transportadas por un río, que se hace más lento a medida que alcanza una llanura, de modo que las partículas pueden esparcirse y asentarse.

epicentro. El punto de la superficie que se localiza justo por encima del hipocentro o foco de un terremoto.

erosionar, erosión. Desgastamiento de las rocas y otros materiales provocado por el viento, la lluvia, el hielo, el calor, el frío y otras condiciones naturales.

extinción masiva. Cuando muchas especies de seres vivos, incluyendo algunas plantas y animales, mueren o se extinguen al mismo tiempo.

hipocentro. El sitio donde se libera la mayor cantidad de energía de un terremoto, por lo general profundamente debajo de la superficie. Se conoce también como el *foco del terremoto*.

inactivo. Volcán que ha permanecido en reposo o "dormido", pero que puede volverse activo y hacer erupción nuevamente en el futuro.

infraestructura. Todas las estructuras, redes y sistemas necesarios para el buen funcionamiento de una región y la vida diaria, tales como carreteras, líneas ferroviarias, puertos, aeropuertos, puentes, túneles, abastecedores de electricidad, agua y gas, alcantarillado y comunicaciones.

lava. Rocas candentes, fundidas o derretidas que se localizan en la superficie. Antes de esto, cuando se localizaban por debajo de la superficie, se llamaba *magma*. La lava que se ha enfriado y endurecido puede seguirse llamando *lava*.

lecho de piedra. Roca sólida bajo las plantas, tierra, piedras y rocas sueltas de un área.

magma. Rocas candentes, fundidas o derretidas por debajo de la superficie. Cuando el magma alcanza la superficie, se conoce como *lava*.

placa continental. Una de las placas tectónicas más gruesas que carga una masa de tierra o continente mayor; puede tener una profundidad de más de 50 kilómetros (30 millas).

placa oceánica. Una de las placas tectónicas más delgadas que yacen por debajo de un océano o mar y que tiene una profundidad generalmente menor a 10 kilómetros (siete millas).

placas tectónicas. Piezas largas, curvas, filosas y de lento movimiento que al unirse forman la capa rocosa externa de la Tierra.

serac. Bloque, torre o columna de hielo que se forma ahí donde las fisuras glaciares (grietas) se unen para formar un glaciar, o ahí donde la nieve se acumula y se congela.

socavamiento. Erosionar o desgastar la parte inferior de un área rocosa, como un acantilado, para dejar una saliente en la parte superior.

www.ingramcontent.com/pod-product-compliance
Lightning Source LLC
Chambersburg PA
CBHW050418180526
45159CB00005B/2324